Livet-Illustrert

一万种时间掠过

[挪威] 莉萨·艾萨托 著　李菁菁 译

新 星 出 版 社　NEW STAR PRESS

新经典文化股份有限公司
www.readinglife.com
出　品

童 年

还记得吗？你曾在夏日的一场大雨中嬉戏。

还记得吗？你曾在明亮的傍晚摘下蒲公英花，
指尖上还沾着花茎的汁液。

还记得吗？那个夏天分外翠绿，

那个冬天格外洁白，

那个圣诞节无比奇幻。

还记得自己那颗怦怦跳动的好奇心吗？

你第一次发现了新的世界，

在这个世界里，到处都是勇士和精灵。

而你是不愿回家吃饭的七星瓢虫，

是站在树梢上的鸟儿，

是巡游海底的守护者。

有时候，你觉得自己无比强大，坚不可摧。

有时候，你又觉得自己太过脆弱，伤痕累累。

你会感叹这世界的不公。

这时，你不得不去战斗。

但希望你能感觉到，你是被爱着的。

少 年

你不再玩小时候的游戏，

穿上大人的衣服，把头发梳得整整齐齐。

或许，你爱上了学校。

又或许，你在学校里度过了一些艰难的时刻。

或许，你遇见了一位让你终身难忘的老师。

在你身上，悄悄发生着改变，

大人们开始担心起来。

你试图发出自己的声音。

而某些时刻，你只想躲进爸爸的怀里。

你学着大人的样子，喝起了咖啡。

有时候，整个世界让你迷惑不解。

有时候，整个世界又都在你脚下。

GOD
NOK

希望背后的那双翅膀足够有力量，能带你飞翔。

成 年

有时候，
你不知道
周围的人
在唱些什么。

你不知道前方的路在哪里，

学生手册从没有告诉过你。

不过，这可能是你人生中最美妙的一段时光。

你不断追寻着，

也许很快能找到，

那时，你就是这世界上最幸福的人！

你找到了

这世界上

唯一的知音。

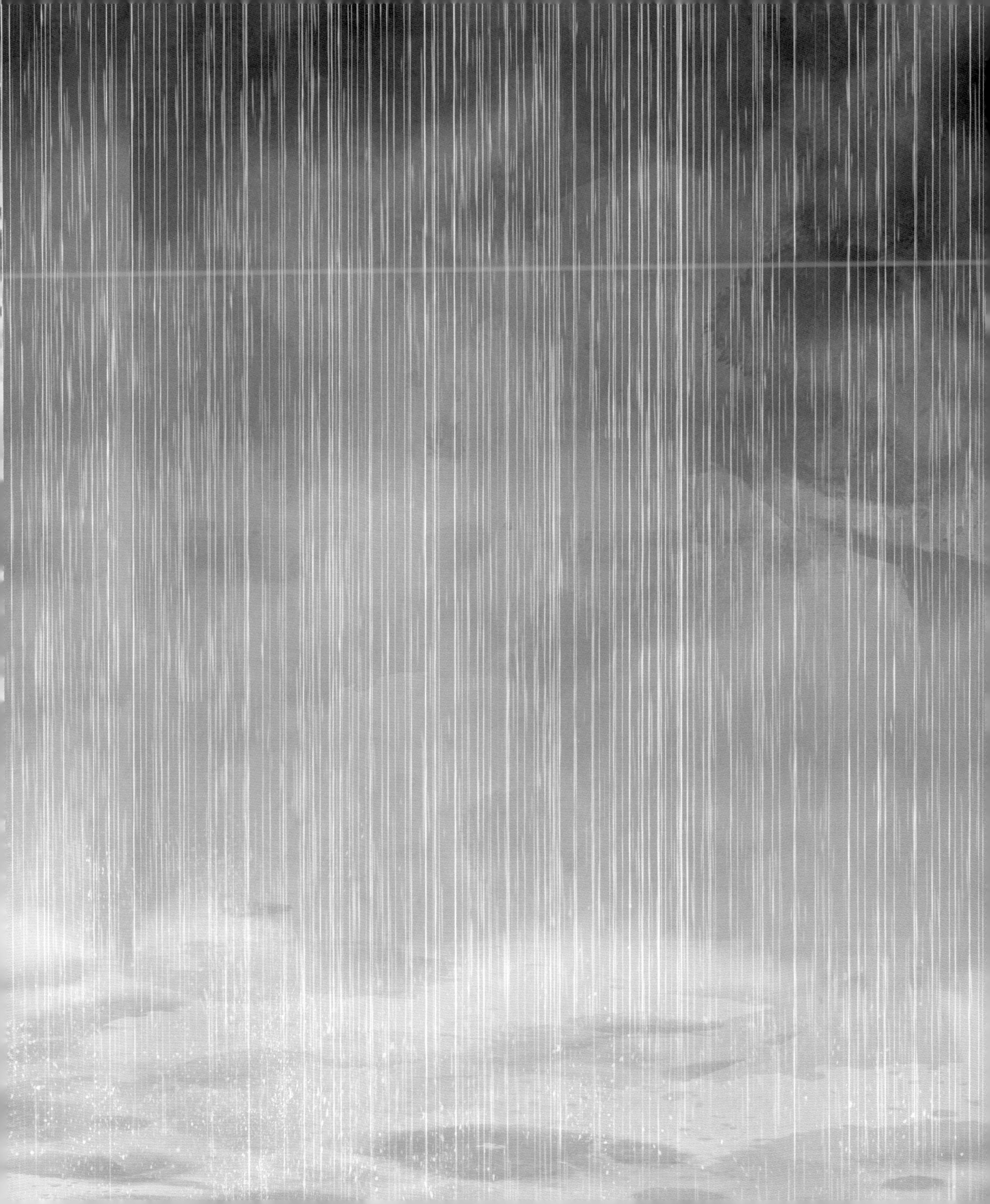

然后，你们开始了日复一日的生活，

努力适应彼此的节奏。

或许美好的时光转瞬即逝，

又或许你们仍亲密无间。

新生命的诞生

你希望能有一本说明书，帮你解决生活中的所有难题。

每一个早晨、

白天

和夜晚，

都令你疲惫不堪。

你发现自己竟然有这么多不同的面孔，

终于理解了为什么要去“挤”时间，

感受到了独处片刻的珍贵。

偶尔停下脚步，

你会用新的眼光看待这个世界。

原来，生命中充满了爱。

中 年

UNG OG LOVENDE

曾经，你是那个在雨中舞蹈的少年。

现在，你或许发现了真正的自我，

又或许，你还在不断找寻。

有时候，你觉得自己充满活力，无所畏惧。

有时候，你又感到在被这个世界无情地碾压。

有一天，孩子对你挥了挥手，说了一声“再见”。

家里从来没有这么安静过。

你们可能把对方抱得更紧了，

也可能渐行渐远。

你可以再次去寻找、去发现，

也可以独自前行。

现在，轮到你来照顾爸爸妈妈了。

你好像忽然就老了。

晚 年

你加入退休行列，唱起了老歌。

很奇怪吧？明明感觉自己才22岁啊。

或许，你已经成为爷爷或奶奶，

节日再次变得美妙无比。

你终于有时间做自己想做的事情了，

无论白天，

还是夜晚。

你可能对一切充满乐观，

也可能害怕这个看上去非常陌生的世界。

希望她仍旧让你感到安全。

他依旧深情地注视着你。

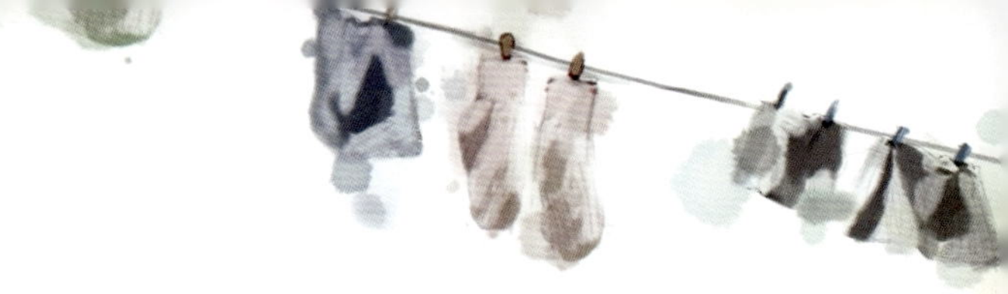

不知不觉间，你的身体不再如从前。

记忆渐渐模糊。

你开始感到孤独。

也许经历了失去。

一万种时间掠过，又镌刻在身体里。

唯愿爱将你永远环抱。

后　记

多年来，我一直希望能够出版一本书，将自己最好的作品收入其中。亲爱的朋友，现在你手中所拿的就是这本书。书中收录了我十几年来的许多创作，其中既有已经出版的书籍插图、在《挪威日报·周六特刊》中发表过的插画，也有未曾公开的全新画作。请相信，这本书中的所有插图，都是我一张张精挑细选出来的。

我花了许多时间收集、整理这些作品，起初并没有刻意选择任何主题。而当我整理得差不多的时候，“人生”这一主题自然浮现在眼前。

在这本书中，一幅幅插画相互联系，勾勒出一个关于人生的故事。故事的内容一部分来源于我个人的生活体悟，一部分来源于身边的亲朋好友。我曾与他们多次交谈，了解彼此对人生中各个阶段的看法和态度。我们谈了很多，从色彩斑斓的童年里那些欢快的嬉戏，到青少年时期内心的敏感与混乱，从成年后身负的生活重担，到行至暮年时重新拥有的自由、向往和思索……

这是一部以视觉感官为主的作品集。当你翻阅时，也许文字不是主角，直观的感受就已足够。或许里面的部分内容没能引起你的共鸣，但我真诚地希望它能带给你一些感触——愿你能够同我一样喜欢这本书。

莉萨·艾萨托

Lisa Aisato

致　谢

在这里，我要感谢林·司考博、托瓦尔德·斯托尔滕贝格、英格丽德·比约诺夫、克劳斯·哈格吕普、阿瓦尔德·乔拉、本特·特来恩、比约克·马蒂亚斯达特尔、杰斯珀·尤尔、昂内斯·玛格雷特·比约万德、卡特琳娜·默斯图恩、波尔·约翰·卡尔森、埃里克·贝特兰德·拉森、玛丽安娜·考林、托马斯·马尔科·布拉特、埃纳尔·奥弗伦克特和我亲爱的姐姐哈迪——感谢你们带给我创作的灵感，帮助我完成书里的作品。

此外，我要特别感谢格尔德·伯雷森、克劳斯·哈格吕普和我的母亲，是你们告诉了我，人过四十之后生命中重要的里程碑是什么。我还要特别谢谢你，亲爱的埃纳尔，我唯一的爱，遇见你是如此幸运。

This translation has been published with the financial support of NORLA, Norwegian Literature Abroad.

著作版权合同登记号：01－2021－5760

图书在版编目（CIP）数据

一万种时间掠过 /（挪威）莉萨·艾萨托著 ；李菁菁译. -- 北京 ：新星出版社，2022.5（2024.1 重印）
ISBN 978－7－5133－4735－8
Ⅰ. ①一… Ⅱ. ①莉… ②李… Ⅲ. ①人生哲学－通俗读物 Ⅳ. ① B821-49
中国版本图书馆 CIP 数据核字（2021）第 274867 号

一万种时间掠过

[挪威] 莉萨·艾萨托 著
李菁菁 译

责任编辑 汪 欣
特约编辑 郭 婷 郑钰晓
封面设计 李照祥
内文制作 王春雪
责任印制 李珊珊 万 坤

出 版 新星出版社 www.newstarpress.com
出 版 人 马汝军
社 址 北京市西城区车公庄大街丙 3 号楼 邮编 100044
电话（010)88310888 传真（010)65270449
发 行 新经典发行有限公司
电话（010)68423599 邮箱 editor@readinglife.com
法律顾问 北京市岳成律师事务所

印 刷 北京奇良海德印刷股份有限公司
开 本 889mm × 1194mm 1/20
印 张 10
字 数 3千字
版 次 2022年5月第一版 2024年1月第三次印刷
书 号 ISBN 978－7－5133－4735－8
定 价 108.00元

NORLA
Norwegian Literature Abroad